腕龍溜滑梯

文 **胡妙芬**　圖 **Asta Wu**

目錄

4

腕龍溜滑梯

　　太陽公公下班了，巴巴的媽媽卻還沒有下班。變暗的天空遠遠昇起一顆星星；公園遊戲場的路燈默默亮了起來。

　　玩遊戲的小朋友們都回家了。原本鬧烘烘的公園變得空盪盪，只剩下巴巴一個人和安靜的蟲鳴——唧唧唧唧。

「媽媽今天為什麼特別晚呢？」

巴巴嘟著嘴想。他的臉頰紅通通，因為整個下午都在溜滑梯上跑來跑去，現在的他玩累了，趴在溜滑梯上等媽媽，一動也不想動。

「現在沒人跟我搶溜滑梯了……」巴巴愛恐龍，最愛恐龍溜滑梯。這裡是巴巴跟媽媽約好的祕密基地；每天不管巴巴去哪裡，最後都要回到恐龍溜滑梯，等媽媽接他回家去。

公園越來越暗。巴巴心裡有點害怕。

「別怕！」突然，不知從哪裡冒出一股巨大的聲音。巴巴的眼睛像火一樣亮起來。

「我陪你玩。」這個聲音繼續說。溜滑梯跟著莫名其妙搖晃起來，搖得巴巴的身體東倒西歪。

「誰？！」巴巴大叫，
「是誰在說話？」

他抓緊溜滑梯。溜滑梯的恐龍頭卻越抬越高，越抬越高，高過路燈，高過了樹梢。

我的天啊！ 恐龍溜滑梯，竟然變成真正的恐龍啦！ 「啊哈！ 好高！ 好高！」巴巴笑著尖聲怪叫， 原本的害怕都拋到雲霄。

「哎喲！」巴巴突然腳滑了一下， 屁股沿著長長的恐龍脖子溜下去。

咻～， 好像雲霄飛車， 好刺激！ 他滑過恐龍的脖子、 恐龍的肩膀、 恐龍的背部、 恐龍的屁股……

最後溜到彎彎的尾巴， 飛出去！ 掉在草地。 草地聞起來好香好香， 巴巴覺得好開心。

11

「我是腕龍。」巨大的恐龍轉過頭，看著巴巴的眼睛笑嘻嘻：「你好，我們來玩什麼啊？」

腕龍的名字怎麼來的？

學名：*Brachiosaurus*

名字意義：古希臘文的「前臂」

　　　　　+「蜥蜴」

西元1900年，埃爾默‧里格斯在美國
科羅拉多挖掘出第一具腕龍化石。當
時找到的化石雖然缺少很多部位，但
是還是能看出這種恐龍有長長的「前
腳」，所以腕龍就因為有這樣的身體
特徵而被命名。

這副在芝加哥菲爾德博物館外面的腕龍
模型骨架，就是根據里格斯最早發現的
腕龍化石仿製而成的喔！

圖片來源／維基百科

腕龍的外形

幸福的寵物狗都有「狗屋」遮風避雨。
腕龍當寵物，也想有個「家」。
「主人，幫我蓋個『龍屋』吧。」腕龍要求道。
這第一個要求就把巴巴給難倒。

　　因為腕龍是出了名的高大個兒。牠們來自距離現代一億五千萬年前的北美洲；當時，那裡到處都是恐龍；有的恐龍很巨大，有的恐龍很嬌小。腕龍雖然不是最高的恐龍，但要蓋房子養腕龍，還是一件不容易的事。

波ㄅㄛ 塞ㄙㄞ 東ㄉㄨㄥ 龍ㄌㄨㄥˊ

他ㄊㄚ 才ㄘㄞˊ 是ㄕˋ。

你ㄋㄧˇ 是ㄕˋ 最ㄗㄨㄟˋ 高ㄍㄠ 的ㄉㄜ˙ 恐ㄎㄨㄥˇ 龍ㄌㄨㄥˊ 嗎ㄇㄚ˙？

　　腕ㄨㄢˋ 龍ㄌㄨㄥˊ 身ㄕㄣ 材ㄘㄞˊ 最ㄗㄨㄟˋ 大ㄉㄚˋ 的ㄉㄜ˙ 特ㄊㄜˋ 色ㄙㄜˋ， 是ㄕˋ 「前ㄑㄧㄢˊ 腳ㄐㄧㄠˇ」 比ㄅㄧˇ 「後ㄏㄡˋ 腳ㄐㄧㄠˇ」 長ㄔㄤˊ， 這ㄓㄜˋ 點ㄉㄧㄢˇ 跟ㄍㄣ 現ㄒㄧㄢˋ 代ㄉㄞˋ 的ㄉㄜ˙ 「長ㄔㄤˊ 頸ㄐㄧㄥˇ 鹿ㄌㄨˋ」 一ㄧ 樣ㄧㄤˋ。 牠ㄊㄚ 們ㄇㄣ˙ 的ㄉㄜ˙ 綽ㄔㄨㄛˋ 號ㄏㄠˋ 是ㄕˋ 「恐ㄎㄨㄥˇ 龍ㄌㄨㄥˊ 世ㄕˋ 界ㄐㄧㄝˋ 的ㄉㄜ˙ 長ㄔㄤˊ 頸ㄐㄧㄥˇ 鹿ㄌㄨˋ」， 卻ㄑㄩㄝˋ 比ㄅㄧˇ 真ㄓㄣ 正ㄓㄥˋ 的ㄉㄜ˙ 長ㄔㄤˊ 頸ㄐㄧㄥˇ 鹿ㄌㄨˋ 高ㄍㄠ 多ㄉㄨㄛ 了ㄌㄜ˙。 長ㄔㄤˊ 頸ㄐㄧㄥˇ 鹿ㄌㄨˋ 的ㄉㄜ˙ 身ㄕㄣ 高ㄍㄠ 是ㄕˋ 5 公ㄍㄨㄥ 尺ㄔˇ， 而ㄦˊ 腕ㄨㄢˋ 龍ㄌㄨㄥˊ 抬ㄊㄞˊ 起ㄑㄧˇ 頭ㄊㄡˊ、 挺ㄊㄧㄥˇ 起ㄑㄧˇ 胸ㄒㄩㄥ， 可ㄎㄜˇ 以ㄧˇ 高ㄍㄠ 達ㄉㄚˊ 13 公ㄍㄨㄥ 尺ㄔˇ。 如ㄖㄨˊ 果ㄍㄨㄛˇ 長ㄔㄤˊ 頸ㄐㄧㄥˇ 鹿ㄌㄨˋ 想ㄒㄧㄤˇ 挑ㄊㄧㄠˇ 戰ㄓㄢˋ， 得ㄉㄟˇ 要ㄧㄠˋ 三ㄙㄢ 隻ㄓ 一ㄧ 起ㄑㄧˇ 疊ㄉㄧㄝˊ 羅ㄌㄨㄛˊ 漢ㄏㄢˋ， 才ㄘㄞˊ 能ㄋㄥˊ 勉ㄇㄧㄢˇ 強ㄑㄧㄤˇ 摸ㄇㄛ 到ㄉㄠˋ 腕ㄨㄢˋ 龍ㄌㄨㄥˊ 的ㄉㄜ˙ 頭ㄊㄡˊ。

19

所以如果想在屋子裡養腕龍，你得先花一筆錢，買一塊比籃球場還大的空地，然後再花一筆錢，在地上蓋一棟五層樓高的大房子，才能勉強把腕龍裝進去。

救命啊～～

「這樣我會破產啊。為什麼你的脖子這麼長？」巴巴想想想忍不住問。

「我、我……」腕龍傻傻的歪著頭想，半天還想不出好原因。

原來腕龍的頭腦不聰明。誰叫「大」個子，卻配上一顆「小」腦袋？牠們是標準的「傻大個兒」，每天只管吃飽睡、睡飽吃，反正不學數學國語、不理蟑螂螞蟻，生活照樣很愜意。如果人像腕龍的比例，頭小身體大，照樣反應慢、不聰明。

哈，我們平手。

這是什麼棋？

21

倒是聰明的科學家幫腕龍找到脖子長的原因。長脖子是好工具，在樹林邊緣吃葉子，只要伸長脖子，吃吃東、吃吃西，完全不需要移動笨重的身體，是不是很省力？

23

「親愛的腕龍，真是對不起，」巴巴掏著他空空的口袋：「等我長大賺大錢，一定蓋間『龍屋』送給你。」
「為了表達真誠的歉意，」巴巴握緊雙手說：「我帶你去散步加散心。」

24

25

2 遛腕龍

腕龍的移動

牽起腕龍去散步，肯定很拉風。
「哇！巴巴在遛腕龍！」
「酷！巴巴的寵物是恐龍。」
大家看到都會很羨慕。

但是，真正牽起繩子遛腕龍，卻把巴巴累壞了。

腕龍的大腳像柱子。咚一聲，跨一步，巴巴要走40步！腕龍輕輕鬆鬆一抬腿，就能跨過四間商店的距離；可憐巴巴的小短腿，得快快跑才追得上，沒多久就累了。

「你ㄋㄧˇ走ㄗㄡˇ這ㄓㄜˋ麼ㄇㄜ˙快ㄎㄨㄞˋ，我ㄨㄛˇ怎ㄗㄣˇ麼ㄇㄜ˙跟ㄍㄣ上ㄕㄤˋ嘛ㄇㄚ˙？」散ㄙㄢˋ步ㄅㄨˋ開ㄎㄞ始ㄕˇ沒ㄇㄟˊ多ㄉㄨㄛ久ㄐㄧㄡˇ，巴ㄅㄚ巴ㄅㄚ就ㄐㄧㄡˋ喘ㄔㄨㄢˇ起ㄑㄧˇ氣ㄑㄧˋ來ㄌㄞˊ。「報ㄅㄠˋ告ㄍㄠˋ主ㄓㄨˇ人ㄖㄣˊ，我ㄨㄛˇ已ㄧˇ經ㄐㄧㄥ走ㄗㄡˇ得ㄉㄜ˙很ㄏㄣˇ慢ㄇㄢˋ、很ㄏㄣˇ慢ㄇㄢˋ了ㄌㄜ˙耶ㄧㄝ。」腕ㄨㄢˋ龍ㄌㄨㄥˊ回ㄏㄨㄟˊ答ㄉㄚˊ。

腕ㄨㄢ龍ㄌㄨㄥˊ沒ㄇㄟˊ騙ㄆㄧㄢˋ人ㄖㄣˊ。

在ㄗㄞˋ恐ㄎㄨㄥˇ龍ㄌㄨㄥˊ的ㄉㄜ˙世ㄕˋ界ㄐㄧㄝˋ裡ㄌㄧˇ，腕ㄨㄢ龍ㄌㄨㄥˊ總ㄗㄨㄥˇ是ㄕˋ慢ㄇㄢˋ條ㄊㄧㄠˊ斯ㄙ理ㄌㄧˇ。像ㄒㄧㄤˋ凶ㄒㄩㄥ猛ㄇㄥˇ的ㄉㄜ˙異ㄧˋ特ㄊㄜˋ龍ㄌㄨㄥˊ跑ㄆㄠˇ起ㄑㄧˇ來ㄌㄞˊ，一ㄧ小ㄒㄧㄠˇ時ㄕˊ能ㄋㄥˊ跑ㄆㄠˇ40公ㄍㄨㄥ里ㄌㄧˇ，腕ㄨㄢ龍ㄌㄨㄥˊ只ㄓˇ能ㄋㄥˊ慢ㄇㄢˋ慢ㄇㄢˋ走ㄗㄡˇ，一ㄧ小ㄒㄧㄠˇ時ㄕˊ前ㄑㄧㄢˊ進ㄐㄧㄣˋ16公ㄍㄨㄥ里ㄌㄧˇ。

因為腕龍的身體跟六隻大象一樣重。只要稍微加快，就會氣喘吁吁、全身無力。還好，在一整天大部分的時間裡，腕龍只需要安靜的吃東西，動作慢也沒問題。

讓我看一下你的骨頭。

其實，腕龍的骨頭還藏著不為人知的祕密，讓腕龍的體重大大減輕！牠們的脊椎骨竟然像蜂窩般充滿空氣；這種中空的設計不但像保麗龍一樣輕，還能幫助腕龍呼吸。

骨頭是中空的

不要啦。

如果變魔術，把腕龍變變變，變成跟人一樣小；人類一定比腕龍還要重，因為人類的骨頭是「實心」，不像腕龍的骨頭是「空心」。

腕龍走，巴巴跑。沒多久，巴巴就臉色發青。他衝到腕龍前張手大喊：「停──！」

小主人喘著氣，下命令：「先休息。我餵你吃東西。」

大胃王恐龍

腕龍的食物

有人說，腕龍是「草」食性恐龍；所以
牠們最愛吃的，應該就是「草」吧？
巴巴拔了一堆草，放進桶子裡；
腕龍一口吃光，卻說：「味道好奇怪，
沒吃過這種怪東西。」

　　巴巴只好試試換摘樹葉。
　　「吃這個，蠶寶寶最愛的
桑樹葉。」
　　「我不要。」
　　「那這個，
竹節蟲最愛的芭
樂葉。」
　　「我不要。」

「不然這個，可愛大貓熊最愛的竹子葉……」

腕龍什麼都不要，大頭猛搖，嘴巴緊閉。

「好挑食，真不乖。」巴巴忍不住板起臉、生起氣。

　　但是這並不是腕龍的錯。
腕龍是「植」食性恐龍，　不是
「草」食性恐龍。　雖然「草」
也是植物，　可是在腕龍生
存的一億五千多萬年
前，　地球上還沒有
「草」，　也沒有
像桑樹、　芭樂、　竹
子等，　這一類會開花
的「開花植物」。

當時的開花植物才剛開始出現不久。不但數量少、種類少，個子也非常矮小不起眼。而腕龍生活中最常見的，是整片整片的針葉樹、蘇鐵、蕨類和銀杏……這些古老的植物才是腕龍最愛吃的東西。

Menu

銀杏

蕨類

蘇鐵

針葉樹

「啊哈，銀杏！」巴巴想起公園裡有一棵銀杏樹。可是才沒幾口，整棵樹就被腕龍吃得光禿禿。「還有沒有？我好餓喔。」腕龍的肚子咕嚕咕嚕。巴巴只好東奔西跑，找來蘇鐵、蕨葉、南洋杉還有松樹……

腕龍的胃像無底洞，永遠裝不滿。巴巴忙得滿身大汗，忍不住問：「到底要吃多少，你才會覺得飽？」

　　「我想想喔……」腕龍說，一天200到400公斤。這樣應該不算多。」巴巴聽了吐舌頭。

　　因為腕龍只吃植物、不吃肉。植物的能量比肉少；所以異特龍吃一份「恐龍餐」，可以好幾天不再吃東西；但是腕龍只有「樹葉餐」，必須不斷的吃、吃、吃……才能餵飽大肚皮。

「啊，有進有出。真是不好意思！」腕龍嘴裡塞著滿口樹葉：「我想要嗯嗯一下。」

咚！咚！噗～

腕龍的大便像一顆顆大草球，從屁股滾出來，差點打中巴巴的頭；卻飄出一陣好聞的樹葉香。

怪了呢？明明是大便怎麼會香？

43

原來，腕龍的牙齒像「鑿子」，只能切斷樹葉、直接吞下；沒辦法細細咬碎再吞進胃裡，所以腕龍吞「石頭」幫助消化，讓小石頭在肚子裡磨碎葉子，再讓胃腸裡的「細菌」將葉子分解。而那些來不及被小石頭碾碎、也來不及被細菌分解的樹葉呢？就跟著便便排出體外，成了大便裡那些飄著香味的植物殘渣。

小石頭磨得好圓喔。

　　這些殘渣引來幾隻「糞金龜」，享用「便便大餐」；沒多久，腕龍便便就被當做「美食」搶個精光。大自然裡有糞金龜當「清道夫」，清理各種巨龍的便便，真是太好了。不然，誰保證地球不會被便便淹沒，變成骯髒可怕的「便便星球」？

「還餓嗎？那我帶你回你
家，讓你開心吃個夠。」貼心的
小主人巴巴說。

4 巨龍的世界

腕龍怎麼長大的？

恐龍生存的時代跨越「三疊紀」、「侏羅紀」和「白堊紀」。腕龍的家就在「侏羅紀」晚期、美國西北部的綠色平原上。

　　侏羅紀的天氣溫暖潮溼，很適合植物生長。許多巨樹長到 80 公尺高，就像 30 層樓的大廈一樣；地面則鋪滿鮮脆又可口的蕨類植物。所以侏羅紀的恐龍特別巨大，因為牠們的食物特別豐富。

「太好了！ 這些全是你愛的，快來吃吧。」巴巴對著腕龍輕輕招手。

可是沒想到，梁龍、圓頂龍、迷惑龍都來了！這些大傢伙，會不會為了爭搶食物而大打出手？

巨龍現身啦。

　　侏羅紀的微風輕輕吹，巴
巴張大眼睛仔細瞧。梁龍安靜
的低著頭，只吃地上柔軟的蕨
葉。如果蕨葉吃光了，就抬
起腳把擋住蕨類的大樹推
倒，尋找更多多汁的蕨
類來吃。

53

圓頂龍

真聰明，
好和平喔。

54

脖子不靈活的圓頂龍，不跟梁龍搶食物，只吃梁龍不愛的粗硬葉子。迷惑龍專吃低矮植物的葉子；腕龍則抬著脖子穿過高高的樹梢，獨享樹頂的嫩葉。

　　巨龍們各吃各的，不爭不搶，所以能夠和平相處，共享恬靜的美麗家園。

迷惑龍

梁龍

55

不過雖然腕龍愛好和平，
為了重要的婚姻大事，腕龍先
生們還是可能會跟情敵打起架
來。牠們用脖子和身體，
互相撞擊；還可能抬起
前腳，用唯一的尖
爪朝對方猛刺。

　　還好這樣的爭吵不會持續太久。只要其中一位幸運贏得腕龍美女的芳心，另一位就會知難而退，反正天涯何處無芳草，繼續追求別的母龍去。

過一陣子，
母腕龍會在地上
產下一堆圓圓的
蛋，然後用腳小
心撥土，把蛋
埋好。

　　幾個月後，孵出的小腕龍會像豆芽一樣，從土裡冒出來，再用最快的速度全力衝進樹林裡。剛出生的腕龍全是小不點，要躲在巨大恐龍進不來的樹林深處，才不會輕易變成肉食巨龍的點心。

61

但是樹林裡不是完全沒有危險。嗜鳥龍只有兩公尺長，還是能夠鑽進樹林，吃掉弱小的腕龍寶寶。

不要過來！

　　有時候，劍龍莫名奇
妙發起脾氣，也可能橫衝
直撞，小腕龍最怕牠們尾
巴上的大骨釘。

腕龍寶寶只能認真吃飯，一天長大兩公斤，一年成長一公頓；十年後牠們長得夠大了，就不必繼續躲在樹林裡。成年的巨龍搬家到樹林外開闊明亮的平原上，巨大的體型讓牠們天不怕、地不怕，還能保護弱小同伴，不受敵人侵襲。

5 小跟班
依賴腕龍的動物

腕龍一直吃，吃了好久還是吃。
巴巴開始覺得無聊，
　　卻注意到許多小東西在恐龍
　　　　身邊飛來飛去；
　　　　　　仔細研究，還真有趣。

先是一群小昆蟲。恐龍的大腳丫一一落地，牠們就被嚇得跳來跳去。這些引來昆蟲殺手「蜻蜓」降臨。蜻蜓把恐龍當「停機坪」，恐龍走到哪，牠們就跟著抓蟲吃到哪裡。

不過，蜻蜓的噩運也很快來臨。許多小型翼龍也愛跟著巨龍生活，因為恐龍身上總是有吃不完的好吃蜻蜓。

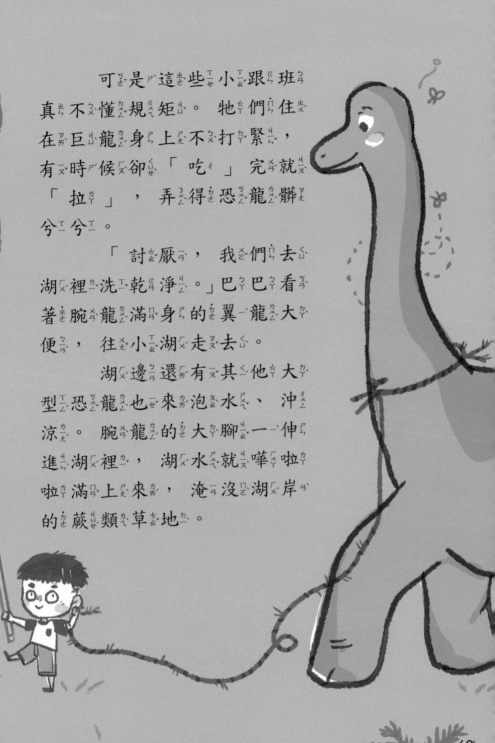

可是這些小跟班真不懂規矩。牠們住在巨龍身上不打緊，有時候卻「吃」完就「拉」，弄得恐龍髒兮兮。

「討厭，我們去湖裡洗乾淨。」巴巴看著腕龍滿身的翼龍大便，往小湖走去。

湖邊還有其他大型恐龍也來泡水、沖涼。腕龍的大腳一伸進湖裡，湖水就嘩啦啦滿上來，淹沒湖岸的蕨類草地。

你們是我的
祖先？

　　說到底，這些大傢
伙都算是遠房親戚。牠們
來自「龍腳類」的大家庭，
全部都是體型巨大、只吃植
物，並且用四腳站立。

　　可是誰能料到，大恐龍竟
然有小祖先；牠們的共同祖先
「原龍腳類」一點也不巨大，
前腳短、後腿長，遇到敵人追
擊，還能用兩腳站起快速逃
離。

好小喔。

70

「如果人活在侏羅紀，會不會像龍腳類一樣，統統變成巨無霸？」

巴巴心裡才剛想，卻突然感到無法呼吸。

讓巴巴不舒服的，正是侏羅紀的「空氣」。動物活著要靠吸入「氧氣」；侏羅紀的空氣中，「二氧化碳」濃度高，「氧氣」濃度卻比現代來得低。人類如果回到侏羅紀，別說沒有機會變巨人，還可能「缺氧」、呼吸困難、頭暈、無力，活不下去。

　　恐龍每吸一口氣，都比人類多得一倍的氧氣。因為牠們除了擁有「肺」，還有「氣囊」延伸到骨頭裡；所以牠們生活在侏羅紀，照樣可以悠閒自在、跑來跑去。

缺氧還可能讓人出現「幻覺」，在侏羅紀看見莫名其妙的東西。巴巴坐著喘氣，突然看見隔壁班的那個可愛女孩，坐在湖面的小船裡；一隻角鼻龍鬼鬼祟祟的盯著船，準備朝女孩撲過去。

　　「喂～～小心啊！」巴巴緊張的對著女孩大喊。這下子，女孩和船立刻消失，角鼻龍聽到叫喊卻轉過頭，朝著巴巴衝過去……

6 異特龍來了

腕龍生活中的危機

侏羅紀的日常生活看起來平靜，
事實上卻充滿危機。

　　弱小的橡樹龍雖然跑得很
快，經常還是被蠻龍追上，發
出悽慘的叫聲，響徹山林。

　　嗜ㄕ鳥ㄋㄧㄠˇ龍ㄌㄨㄥˊ個ㄍㄜˋ子ㄗˇ不ㄅㄨˋ大ㄉㄚˋ，　卻ㄑㄩㄝˋ神ㄕㄣˊ出ㄔㄨ
鬼ㄍㄨㄟˇ沒ㄇㄛˋ、　靈ㄌㄧㄥˊ活ㄏㄨㄛˊ聰ㄘㄨㄥ明ㄇㄧㄥˊ，　時ㄕˊ常ㄔㄤˊ突ㄊㄨˊ然ㄖㄢˊ從ㄘㄨㄥˊ
濃ㄋㄨㄥˊ密ㄇㄧˋ的ㄉㄜ˙樹ㄕㄨˋ叢ㄘㄨㄥˊ後ㄏㄡˋ冒ㄇㄠˋ出ㄔㄨ來ㄌㄞˊ，　張ㄓㄤ開ㄎㄞ大ㄉㄚˋ
嘴ㄗㄨㄟˇ，　抓ㄓㄨㄚ弱ㄖㄨㄛˋ小ㄒㄧㄠˇ的ㄉㄜ˙恐ㄎㄨㄥˇ龍ㄌㄨㄥˊ寶ㄅㄠˇ寶ㄅㄠˇ當ㄉㄤ做ㄗㄨㄛˋ點ㄉㄧㄢˇ
心ㄒㄧㄣ。

　　像巴巴眼前這樣的角
鼻龍， 更是侏羅紀大名鼎鼎的
恐龍煞星。 牠們個子大、 滿嘴
牙， 愛吃肉， 又貪心。

不ㄅㄨˋ管ㄍㄨㄢˇ是ㄕˋ水ㄕㄨㄟˇ裡ㄌㄧˇ的魚ㄩˊ、鱷ㄜˋ
魚ㄩˊ，活ㄏㄨㄛˊ恐ㄎㄨㄥˇ龍ㄌㄨㄥˊ或ㄏㄨㄛˋ者ㄓㄜˇ是ㄕˋ恐ㄎㄨㄥˇ龍ㄌㄨㄥˊ屍ㄕ
體ㄊㄧˇ，只ㄓˇ要ㄧㄠˋ能ㄋㄥˊ打ㄉㄚˇ牙ㄧㄚˊ祭ㄐㄧˋ，牠ㄊㄚ們ㄇㄣ
都ㄉㄡ不ㄅㄨˋ放ㄈㄤˋ棄ㄑㄧˋ。

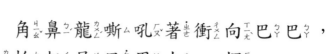

角鼻龍嘶吼著衝向巴巴，腕龍抬起尾巴用力一揮，重重打中角鼻龍的身體；角鼻龍飛出去，不甘心，一翻身站起來，準備再度攻擊。

幾隻角鼻龍聽到了聲音，從樹林衝出來加入戰局。巨大的成年腕龍不怕牠們，但是如果受傷、年老或生病，還是有可能被攻擊，失去生命。

一隻角鼻龍跳起來，想咬腕龍的脖子；腕龍立刻抬高脖子，角鼻龍撲了空，喀一聲斷掉一顆牙。另一隻角鼻龍跳上腕龍的背，腕龍甩身體把角鼻龍摔出去，撞上樹幹，慘兮兮。

「腕龍好屬害。腕龍加油！」巴巴興奮的喊。

　　這時，森林那頭出現更大的黑影，讓巴巴幾乎停止呼吸。異特龍比角鼻龍更強大、更高壯！牠大吼一聲，直接跳向腕龍、張開大嘴，往腕龍的身體咬下去。

　　腕龍的背上流出血來，可是沒有半點害怕的樣子。

巴巴流下眼淚大喊：
「停——！」
　　「不准欺負腕龍， 我
是牠的主人。」
　　異特龍卻聽不進去，
轉過身準備再度攻擊。

巴ㄅㄚ巴ㄅㄚ哭ㄎㄨ著ㄓㄜ喊ㄏㄢˇ：「腕ㄨㄢˋ
龍ㄌㄨㄥˊ快ㄎㄨㄞˋ跑ㄆㄠˇ！」
　「你ㄋㄧˇ受ㄕㄡˋ傷ㄕㄤ了ㄌㄜ！　腕ㄨㄢˋ
龍ㄌㄨㄥˊ快ㄎㄨㄞˋ跑ㄆㄠˇ～」

　　突然，巴巴被自己的哭
聲嚇醒……

　　公園裡，路燈亮，蟲鳴
還是唧唧唧唧。巴巴的眼淚
像斗大的雨滴，滴落腕龍溜
滑梯。

博物館

科學家的研究

那天過後，巴巴還是每天放學就去腕龍溜滑梯；
卻再也無法回到有腕龍的夢裡。

「沒關係。我的腕龍很強壯，雖然被咬了，還是擋得住異特龍的猛烈攻擊。」巴巴對腕龍很有信心。

他請媽媽帶他到博物館，去看腕龍還有其他恐龍的化石。

腕龍的化石很稀少，而且通常不完整；不是缺頭骨，沒脖子，就是只有幾根腳骨或背骨。人們只好用幾隻腕龍的化石東拼西湊，再加上人工模型組成完整的一隻腕龍，展示在博物館裡。

因ㄧㄣ為ㄨㄟ化ㄏㄨㄚ石ㄕ證ㄓㄥ據ㄐㄩ太ㄊㄞ少ㄕㄠ了ㄌㄜ，
所ㄙㄨㄛ以ㄧ關ㄍㄨㄢ於ㄩ腕ㄨㄢ龍ㄌㄨㄥ的ㄉㄜ外ㄨㄞ形ㄒㄧㄥ、生ㄕㄥ活ㄏㄨㄛ
方ㄈㄤ式ㄕ，甚ㄕㄣ至ㄓ連ㄌㄧㄢ鼻ㄅㄧ孔ㄎㄨㄥ的ㄉㄜ位ㄨㄟ置ㄓ，
科ㄎㄜ學ㄒㄩㄝ家ㄐㄧㄚ們ㄇㄣ想ㄒㄧㄤ破ㄆㄛ頭ㄊㄡ，都ㄉㄡ還ㄏㄞ沒ㄇㄟ有ㄧㄡ
得ㄉㄜ到ㄉㄠ最ㄗㄨㄟ後ㄏㄡ的ㄉㄜ結ㄐㄧㄝ論ㄌㄨㄣ。

以-前_く_ㄢ是`這_ㄓ_ㄜ樣_一_ㄤ。

後_ㄏ_ㄡ來_ㄌ_ㄞ是`這_ㄓ_ㄜ樣_一_ㄤ。

現_ㄒ_一_ㄢ在_ㄗ_ㄞ是`這_ㄓ_ㄜ樣_一_ㄤ。

　　沒有任何人知道，腕龍為什麼在一億五千萬年前出現，又在一億四千五百萬年前消失。牠們在世界各地還有許多「親戚」，像是非洲的長頸巨龍、歐洲的葡萄牙巨龍、歐羅巴龍，還有北美洲的「雪松龍」、「毒癮龍」、「索諾拉龍」……

　　這些恐龍都擁有許多共同特徵，都屬於「長脖子」、「高個子」、「前腳比後腳長」、「愛吃高處樹葉」、「個性溫和又慢條斯理」的腕龍家族。

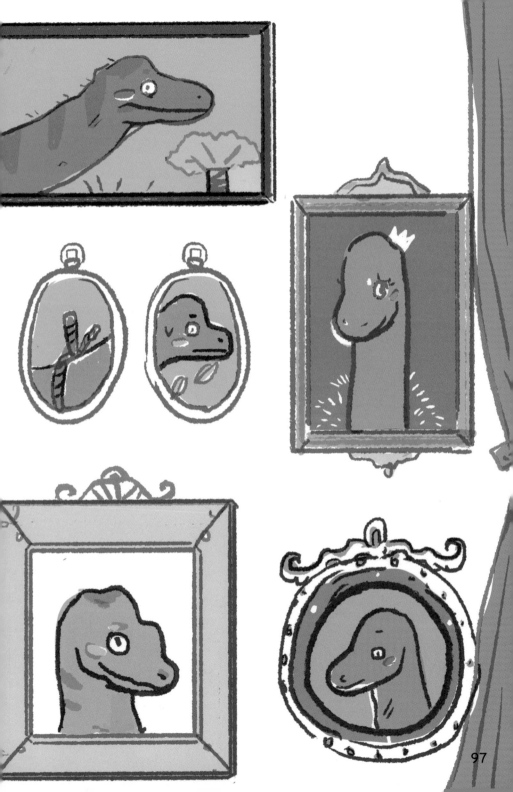

不ㄅㄨˋ過ㄍㄨㄛˋ， 時ㄕˊ間ㄐㄧㄢ的ㄉㄜ巨ㄐㄩˋ輪ㄌㄨㄣˊ轉ㄓㄨㄢˇ啊ㄚˋ轉ㄓㄨㄢˇ。 八ㄅㄚ千ㄑㄧㄢ多ㄉㄨㄛ萬ㄨㄢˋ年ㄋㄧㄢˊ後ㄏㄡˋ的ㄉㄜ某ㄇㄡˇ一ㄧˋ天ㄊㄧㄢ， 一ㄧˋ顆ㄎㄜ巨ㄐㄩˋ大ㄉㄚˋ的ㄉㄜ小ㄒㄧㄠˇ行ㄒㄧㄥˊ星ㄒㄧㄥ撞ㄓㄨㄤˋ上ㄕㄤˋ地ㄉㄧˋ球ㄑㄧㄡˊ， 世ㄕˋ界ㄐㄧㄝˋ上ㄕㄤˋ所ㄙㄨㄛˇ有ㄧㄡˇ的ㄉㄜ巨ㄐㄩˋ龍ㄌㄨㄥˊ消ㄒㄧㄠ失ㄕ無ㄨˊ蹤ㄗㄨㄥ。

如果不是挖到地下的化石，世界上不會有人知道腕龍曾經存在，也沒有人敢相信，古代曾有大得像高樓一樣的巨龍統治地球。

媽媽買了一隻腕龍的模型送給巴巴。

　　巴巴用紙盒幫牠蓋「龍屋」，餵牠吃銀杏；每天一放學就下令：「遛恐龍時間到囉，我們散步去。」然後把牠放進書包、帶到公園裡，在巴巴最喜歡的祕密基地——腕龍溜滑梯玩遊戲，然後一起等媽媽下班，來接他和腕龍回家去。

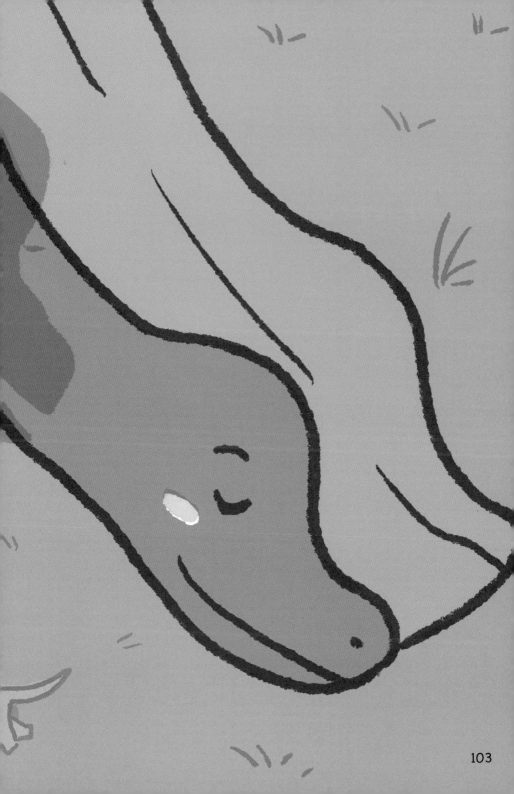

恐龍點點名

讀完這本書，你認識了幾種恐龍？
一起來看看這些恐龍小檔案，
選出你最愛的恐龍吧！

腕龍 植食性

脖子很長，最大的特
色是「前腳」比「後
腳」長。

波塞東龍 植食性

目前為止發現最高的恐
龍，有六層樓那麼高。

附錄裡大部分的恐龍都出現在侏羅紀晚期（距今約1億6500萬
年前到1億4500萬年前），只有波塞東隆出現在白堊紀早期
（距今約1億4500萬年前到1億年前）。

圓頂龍 植食性

頭部短又圓，脖子不太靈活，沒辦法吃長太高的樹葉。

梁龍 植食性

脖子和尾巴都很長，平常的姿勢有點像吊橋，前後會盡量維持水平。

迷惑龍 植食性

身體比梁龍結實強壯。和其他大巨龍一樣，甩尾巴時會發出巨大的聲音。

劍龍 植食性

背上排列著巨大的骨板，尾巴末端還有大骨釘，是強力的攻擊武器。

嗜鳥龍 肉食性

身長大約2公尺，比起
其他肉食類恐龍來說較
小，但是動作靈活，常
常會從樹林暗處冒出來
攻擊更小的恐龍。

角鼻龍 肉食性

鼻端有尖角，前腳又短又強
壯，頭上有一小段突起。

橡樹龍 植食性

後腳強壯而跑得快，
通常這樣可以逃離追
趕的肉食性恐龍。

蠻龍 肉食性

大型的肉食性恐龍，牙齒又
大又銳利，還有巨型的尖爪
拇指。

異特龍 肉食性

頭骨很大，眼睛上方有角
冠。指爪大又彎曲。獵食的時
候，會用上顎撞擊獵物。

知識讀本館

腕龍溜滑梯

作者｜胡妙芬
譯者｜Asta Wu

責任編輯｜戴淳雅
封面設計｜李潔
行銷企劃｜劉盈萱

發行人｜殷允芃
創辦人兼執行長｜何琦瑜
副總經理｜林彥傑
總監｜林欣靜
版權專員｜何晨瑋、黃微真

出版者｜親子天下股份有限公司
地址｜台北市 104 建國北路一段 96 號 4 樓
電話｜（02）2509-2800　傳真｜（02）2509-2462
網址｜www.parenting.com.tw
讀者服務專線｜（02）2662-0332　週一～週五：09:00~17:30
傳真｜（02）2662-6048　客服信箱｜bill@cw.com.tw
法律顧問｜台英國際商務法律事務所・羅明通律師
製版印刷｜中原造像股份有限公司
總經銷｜大和圖書有限公司　電話：（02）8990-2588

出版日期｜2020 年 11 月第一版第一次印行
定價｜280 元　書號｜BKKKC159P
ISBN　978-957-503-691-1（平裝）

訂購服務

親子天下 Shopping｜shopping.parenting.com.tw
海外・大量訂購｜parenting@service.cw.com.tw
書香花園｜台北市建國北路二段 6 巷 11 號　電話（02）2506-1635
劃撥帳號｜50331356　親子天下股份有限公司

國家圖書館出版品預行編目資料

腕龍溜滑梯／胡妙芬文；Asta Wu 圖.
-- 第一版. -- 臺北市：親子天下，
2020.11
112 面；14.8X21 公分. --（知識讀本館）
ISBN 978-957-503-691-1（平裝）

388.794　　　　　　　　109015695

立即購買 >

恐龍知識讀本推薦

天啊，史前大傢伙暴龍
怎麼會跑到大街上？

別緊張，交給正義使者李小龍，
好好看守這隻大傢伙，到底吃什
麼、闖什麼禍、有什麼弱點？現
在就出發，和李小龍一起對付這
隻迷路大暴龍吧！

小恐龍迷注意，這裡有一隻腕龍等待領養！
從兒童的好奇心出發，最好玩、好讀的恐龍知識讀本！
豐富恐龍知識 ╳ 貼近兒童想像 ╳ 易懂又可愛的插畫

腕龍、腕龍脖子長，
巴巴好想把牠帶回家養，
可是牠吃什麼、住哪裡，
要怎麼帶腕龍去散步呢？
如果危機出現，
巴巴能夠保護牠嗎？
一起回到恐龍時代，
近距離了解腕龍吧！

親子天下 Education · Parenting Family Lifestyle

BKKKC159P NT$280
適讀年齡 6-10 歲

ISBN 978-957-503-691-1
00280
9 789575 036911